儿童安全锦囊

健康安全

王维浩　编著

科学普及出版社

·北　京·

图书在版编目（CIP）数据

　儿童安全锦囊 . 健康安全 / 王维浩编著 . -- 北京：
科学普及出版社，2020.1
　ISBN 978-7-110-09982-7

　Ⅰ . ①儿… 　Ⅱ . ①王… 　Ⅲ . ①健康教育—儿童读物
Ⅳ . ① X956-49 ② G479-49

中国版本图书馆 CIP 数据核字（2019）第 158781 号

序

张咏梅 儿童伤害预防教育专家、全球儿童安全组织（中国）高级传讯顾问、中国项目专员

前几年，有企业邀请我去给他们的员工讲儿童安全预防讲座，其初衷也多半是企业给予他们员工的一种福利。近些年，随着网络信息的日新月异，越来越多的儿童伤害信息尽显眼前。一时间，儿童安全话题成了人人无法回避的重要议题被广泛讨论。无论是网络上的新闻热点，还是两会上代表们踊跃发声的提案，都对中国儿童安全的教育倾注了深情。由此，我也看到越来越多的企业将"儿童安全培训"列为重要内容，不再是简单的福利馈赠，而是将此纳入了企业社会责任一部分。

如此的受重视程度，可以说，中国的孩子们，有福了。

十年前，我有幸成为全球儿童安全组织（中国）高级传讯顾问，专注于儿童意外伤害预防的数据研究和常识传播工作，在每天大量的伤害信息中，我发现几乎所有的意外发生都是有共性规律可循的。比如暑期是儿童溺水高发期；燃气中毒或烧烫伤是年底到春节期间最多的伤害类型；幼童发生高楼坠亡的起因多和看护缺失有关；而因盲区造成的汽车碾压意外，也多因孩子跑过马路所致。由此，做好儿童伤害预防的重要工作，就是学习基本常识、了解事件本质、注重行为培养。

　　这套书的出版，定位于学生人群，从文风、画风和游戏设计，都贴近青少年的阅读习惯。众所周知，做安全教育有个难点，就是人群定位。不同年龄段的孩子，宣讲的方式和内容截然不同。比如 0~3 岁的宝宝，处在感知世界最丰富的年龄段，家长的教育应侧重于如何帮助他们建设家中的安全环境。4~6 岁的幼童，开始了社会交往，不安于居室，放眼于户外，父母要多用游戏互动的方式来进行亲子教育，通过角色扮演让孩子感受危险的定义。进入小学阶段的儿童、低年级和高年级的安全教育也是有区分的。普及形式由游戏体验到实训学习，都需要建立一整套有针对性的课程体系。

这套书很好地抓住了小学至初中阶段儿童的行为和认知特点，侧重行为指导。比如，校园安全部分，将课间容易发生的冲撞、打闹等充满隐患的行为，单列出来，明确正确的行为指导，以正视听；生活场景中，将孩子们容易发生在公共场所的危险行为列举出来，比如乘坐自动扶梯的正确姿势等；健康生活场景里，一些生活的急救小常识也非常实用；在交通安全方面，青少年更要加强遵纪守法教育，每年我国因道路伤害致死致残的儿童，有近 2.2 万人之多。道路伤害是 1~14 岁中国儿童第二位死因，是 15~19 岁少年第一位死因。而步行和乘坐机动车是发生交通意外的主要交通方式。因此，规范儿童的步行习惯，比如专心走路、不要戴耳机、不低头看手机等，是避免伤害的重要一课。

全球儿童安全组织创建者——美国华盛顿儿童医学中心烧伤科医生马丁博士曾说："没有偶然的事故，只有可预防的伤害。"在传播儿童安全教育的十多年中，我深刻体会到这句话的意义。**来自生活中的伤害，看似属于意外，其实 99%都是可以预防的。** 认识到环境对伤害发生的影响就会从源头杜绝隐患发生；了解到行为对伤害结果的影响就会主动改过自新，养成好习惯，从而提高安全意识。

希望更多的孩子从这套书中学到安全常识，注重改变陋习，真正践行平安一生的承诺。

前言

　　我们的生活是美好的，我们的未来是充满希望的。可是，在我们未来的道路上，有一些可能会损害我们健康安全的危险，时刻威胁着我们。如何让同学们学会健康自护，尽可能地避免意外伤害？或遭遇伤害后应该怎样及时处理？这需要我们平时对生活经验的点滴积累，从而在生活中学会怎样保护自己。

　　有了一个健康的身体，有了一个清洁美丽的环境，我们每一天的生活才会充满阳光。

　　愿平安健康伴随着我们每一个人。

目录

人体的鼻腔黏膜上分布着丰富的血管，覆盖于鼻腔的内表面，不小心碰一下，甚至在没有物体触碰的情况下，也可能会出现流血的情况。那么，这时我们该怎么办？

1. 千万不要紧张，惊慌反而会使鼻子出血量增加，因为过分紧张会使血压增高，从而出血就会更多。

2. 如果出血不多时，可采取半坐位，头稍向前倾并稍微抬高。但绝不能把头抬得过高，这样既不能判断出血量的多少，又易血液倒流刺激胃部造成呕吐。

3.然后再用手指按压鼻翼稍上方，多数鼻出血用此法常可止住。按压时间5~10分钟。按压的部位不能太低，如只是捏紧鼻孔，出血部位是压不到的。

4.如果出血量较多时，可用一小块已消毒的湿纱布或卫生棉球塞在流血的鼻孔内，压迫出血部位来止血。

5. 也可以不停地用凉水拍打额头，或用凉毛巾放在额头上，这样有助于止血。

6. 如果出血不止，经上述处理无效，应立即前往医院就医。如果鼻子经常出血，应去医院检查，以便及早发现其他疾病隐患。

急性扭伤

我们在锻炼时，有时会不小心就把脚扭伤了，好疼啊！这时该怎么办呢？

1. 如果发生扭伤，这时应坐下来休息，减少活动，避免内出血。

2. 在24小时之内，可进行冷敷。简便的方法是在塑料袋内装入冰块，敷于扭伤部位。也可以把扭伤处直接浸入冷水中。

3. 注意这个时候不能对扭伤部位进行按摩，以免引起内部组织出血。

千万不能按摩！

4. 要注意休息，不要到处走动。休息时把脚适当垫高，减少扭伤部位受到的压力。

5. 扭伤24小时后，可对扭伤部位进行热敷疗法。在局部用热毛巾、热水袋、红外线等进行治疗。时间不宜过长，每次20~30分钟，一天两次即可。

6. 如果扭伤很严重，且很疼痛，又出现红肿，应及时去医院治疗。

轻度烫伤

我们在日常生活中往往会碰到由火、热水、油等引起的各种烫伤，这时我们该怎么办呢?

1.发生烫伤时，不要慌张，更不可用手去摩擦伤处，以免加重皮肤伤害，造成感染。

2.应立即离开热源，迅速使用冷水冲洗和浸泡烫伤部位。一方面可冲掉皮肤上残留的东西，另一方面可减轻热力对皮肤的损伤程度。

3. 也可以把受伤部位泡在食盐水里，这样可以达到止痛消肿的目的。

4. 可用75%的酒精纱布局部湿敷，干了更换，这样既止痛，又能使烫伤的局部红肿皮肤消炎，同时避免发生渗液及水泡等。

5. 如有水泡，不要随意抓破，可用已消毒的针刺破，放出水泡里的液体。一般的轻度烫伤均采用暴露疗法，不进行包扎。

6. 轻度烫伤可用烫伤膏涂擦。当然，如果烫伤十分严重，应立即到医院进行治疗。

头皮血肿

同学们在行走时不注意看路偶尔会摔倒，或撞到什么东西时，容易引起头皮血肿。那么我们该怎么办呢?

1. 由于生理的原因，头被碰撞时易起包，即头皮血肿。一般来说这种血肿较小，不需要特殊处理，可待1~2周让其自然吸收。

2. 千万不能用手在血肿部位用力揉，这样做是危险的，有时往往会损伤其他血管，增加出血量。

3. 在24小时内可以冷敷。冷敷可使毛细血管收缩，减轻局部充血程度，可减轻皮下出血与肿胀。

4. 过一两天后，再进行热敷，可以帮助血肿慢慢消散。

5. 如果发现头皮血肿较大，或数日之后仍不能自行吸收，应去医院治疗，以防血肿加重发生感染。

6. 平日里走路要注意安全，别到过于危险的地方去玩，以防发生意外。

手脚磨起水泡

我们在劳动或赶路时，手脚磨出了水泡，我们该怎么办？

1.如果手脚上磨的泡比较小，可以不去管它，只要避免继续摩擦，几天后水泡就会自行消失。

啊！

2.如果水泡较大，影响干活和走路，可以对水泡进行处理。

3. 先用清水把水泡及周围的皮肤洗干净，然后找一根针，用医用酒精消毒，或在火上烧一烧针的尖部消毒，然后在水泡侧面扎一个小眼，把里面的疮液轻轻地挤压出来。

4. 局部擦一点医用酒精，用一块消过毒的纱布包上就可以了。

5. 当然，手脚上的水泡最好是让爸爸妈妈帮忙处理，不要自己处理，以免不卫生发生感染。

6. 为了防止手脚磨起水泡，可以在行路前检查一下鞋子，不要太紧或太松。劳动时也可以戴上手套。

眼睛进了异物

同学们在外玩耍时，难免会迷眼，有异物进入眼睛。这时我们该怎样清理这些异物呢？

1. 眼睛进了异物时，千万不要揉眼睛，以免异物刮伤角膜而发炎。

眨几下眼睛！

2. 可以反复眨眼几次，用眼泪将异物冲刷出来。也可以使用眼药水、冷开水或生理盐水冲洗。

3. 还可以用干净的湿手帕轻轻地把异物粘出来。

4. 如果异物还是很难处理，就要闭上眼睛，迅速到医院治疗。

5. 眼睛若被化学物品灼伤，应立即用生理盐水或清水冲洗15分钟。冲洗时头要倾斜一点，以免化学药物流进另一只眼睛里。冲洗后应立即到医院治疗。

小心点！

6. 若是生石灰溅入眼内，一不能用水洗，二不能用手搓。生石灰遇水产生热量，会灼伤眼睛。应该用棉签或手帕拨出石灰，再用清水洗。

卡到鱼刺

鱼刺卡到喉咙在日常生活中屡见不鲜，无论大人小孩都可能会发生。那么这时我们该怎么办呢？

1. 如果被鱼刺卡住，不能利用大饭团或馒头将鱼刺吞下。因为在吞饭团时增加了压力，会使鱼刺扎得更深。

2. 也千万不要用手去抠嗓子，这样也会让鱼刺越陷越深。

3. 先轻轻地咳几声，利用气管里冲出来的空气压力将刺得较浅的鱼刺咳出来，注意咳时最好不要咽口水。

4. 不要轻信民间偏方，比如喝醋、吃馒头等。

5. 上述方法无效时，如果家里有医用镊子等，可以让患者将嘴巴张开，再用消毒后的镊子将鱼刺取出。

啊……

6. 如果发现较大的鱼刺扎进喉咙，而在喉咙的四周和两边都看不到鱼刺的影子，不要耽搁，立即去医院治疗。

手被刺扎伤

同学们在玩耍时，有时会不小心被刺扎伤，这时该怎么办呢？

1.如果刺还留有很少一部分在皮肤外，可用已消毒的镊子轻轻拔掉。

2.如果没有镊子，可以用缝衣针。将针尖放在火上烧一下，然后再用干净的纸或布把针尖擦净，用针轻轻拨出刺。

3. 去除刺后，轻轻挤出伤口的血，并用已消毒的纱布或创可贴包扎好伤口，以预防感染。

4. 如果刺扎得很深或扎在指甲下面，就应及时去医院治疗。

5. 如果不小心被有毒的刺扎伤，局部发肿，就应立即到医院进行治疗，以免产生更严重的后果。

6. 同学们平时玩耍时，尽量不要到花草丛中去，以免被刺扎伤。

脚被竹签、铁钉刺伤

由于竹签、铁钉长且尖锐，刺入人体后，伤口往往小而深，还可能在伤口内留有异物。那么，这时我们该怎么办呢？

1. 处理刺伤时，首先要看清受伤的部位和致伤的东西。

是竹签！

拔出来了！

2. 若刺伤的位置不在重要器官附近，可以拔除异物直接处理好伤口。

3. 如对伤情无把握，就不要随便把刺入物拔出，以免拔出时造成大出血，应立即到医院进行治疗。

没有断！

4. 对于拔出的竹签、铁钉之类的东西应仔细观察，是否有断裂痕迹。

5. 对于这类刺伤，最好用 0.5% 的碘伏进行消毒。

6. 对于刺伤较深，尤其是生锈的铁钉造成的伤口，还应到医院注射破伤风疫苗，以预防破伤风的发生。

打嗝

有时我们会无缘无故地打嗝。打一两个嗝无伤大雅，可有人连续地打嗝，身体感觉极不舒服。这时该怎么办呢?

1. 在人体胸腔与腹腔之间有一层横膈膜，叫膈肌。当人因受凉或吃东西过快，致使横膈膜发生痉挛，医学上称为膈肌痉挛。

2. 打嗝有时偶尔发作，很快停止；有时也会持续一段时间。

3. 发生打嗝时，应分散注意力。同学可以拿一个空纸盒来，对着纸盒一口一口地吹气，有时会使打嗝消失。

4. 也可以用手指用力压迫两个大拇指指甲根部侧面的"少商"穴，打嗝便可消失。

5. 或用手指按压"内关"穴（手腕内侧2寸，即第一横纹下约2横指的距离）。也可解除打嗝。

吃点药吧！

呃一

6. 如果上述方法仍不能消除打嗝，那就得到医院治疗，用药物来帮助消除打嗝。

耳朵进虫

同学们天性爱玩，有时在草地上玩，有时在树丛中玩，一不小心，有虫子钻进耳朵里，这该怎么办呢？

1. 一旦发现有虫子爬进耳朵内，千万不要惊慌，一定要冷静。

2. 千万不要胡乱地掏耳朵。因为虫子受到刺激后，会不停地乱爬并向里钻。

3. 同时这样胡乱地掏耳朵会刺伤耳道，甚至会刺破耳膜，引发耳聋等症状。

出来了吗？

4. 可以把耳朵朝向有光源并很亮的地方。或马上到暗处用手电筒照射外耳道口，使小虫朝着光爬出来。

5. 如果灯光诱虫不成功，虫又在耳内嗡嗡作响，可将食用油滴入耳内，使昆虫不能乱动，然后再用小镊子将昆虫取出。

6. 或用高浓度的酒滴入耳内，虫子便可出来。还可用铜碗或瓷器，于耳边用力敲打，虫子也可自出。如果虫子仍不出来，请及时去医院就医。

游泳抽筋

炎热的夏天，当你跃入水中游泳时，会感到一阵的凉爽和舒畅。游泳中有时会发生抽筋的现象，那么这时该怎么办呢?

1. 当出现水中抽筋的情况时，一定要保持镇定，切勿慌张呛水，使抽筋症状加剧。

救命！

2. 在水中出现抽筋情况时，一定要大声呼喊救命，并且配合救援人员的指令。

3. 同时要学会在无人条件下自救。如小腿抽筋，可用手握住抽筋的脚趾，用力上拉，使抽筋腿伸直。另一脚踩水，另一手划水，反复多次可恢复。

4. 如果是两手抽筋时，应迅速把手握紧成拳头，再用力伸直，重复几次可恢复。

5. 如果是上腹部抽筋时，则要用力按压痛处，或把两腿向腹壁蜷缩，再行伸直，重复几次可恢复。

6. 在游泳前要做好热身运动，对易出现抽筋的位置要进行按摩。下水前还要用冷水拍打身体和四肢，使身体能适应较低的水温。

游泳耳朵进水

在游泳时，偶尔不小心，水就进了耳朵，给人极不舒服的感觉。那么这时我们该怎么办呢？

1. 游泳时，当耳朵进了水，这没有什么可慌张的，也不要用手指去掏，水是不可能被掏出来的。

哇，耳朵进水了！

2. 这时可回到岸上，将头倒向有水的耳朵一侧，用手掌压紧有水的耳朵，屏住呼吸，再迅速把手拿开，反复做几次，可以把水吸出来。

3. 也可采用跳跃法将耳朵中的水跳出来。将头倒向有水耳朵的一侧，原地跳动，促使水从耳内流出。

4. 还可用灌引法。将头倒向没进水的一侧，然后用干净水灌进已进水的耳朵，再迅速向进水耳朵一侧摆头，将水一倒而出。但一般不采用此法。

5. 如果上述方法仍不能将耳朵中的水引出时，可用干净棉球把耳内的水轻轻吸出。

6. 同学们在游泳时要多加注意，不要在水中嬉戏打闹，以防出现意外。

遇到蛇

我们在山上、树林或草丛中玩耍时，可能会遇到蛇。一旦遇到蛇时，我们该怎么办呢？

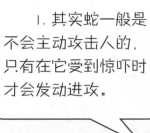

1. 其实蛇一般是不会主动攻击人的，只有在它受到惊吓时才会发动进攻。

2. 一旦发现蛇时，千万不要惊吓乱动。一般情况下，蛇反而只想着自己如何逃生，不会主动攻击人。

遇到蛇

63

3. 如果遇到蛇后就惊慌逃跑，就等于向蛇提供了最准确的进攻方向，反而会招来危险。

4. 如果蛇发现你后并没有发起进攻，而是快速地逃走，那么你也不要去追打，那样很危险。

5. 如果蛇危及了你的生命，要设法杀死它。可取一根木棒快速打向蛇的后脑部。

6. 玩耍时要留意树上有无蛇，因为有的蛇常栖息在树枝上。翻动石块或挖洞时，不要直接用手，应用木棒等工具。

被毒蛇咬伤

好痛！

如果在野外，不小心被毒蛇咬伤时，那么你该怎么办？

1. 被毒蛇咬伤时要保持镇静，切不要惊慌奔跑，以免加速血液循环而增加毒液的吸收和扩散。

2. 选择适当的地方坐下，立即用布带在伤口上方（离心脏近的一端）进行包扎。但应每隔 20~30 分钟放松一次，每次 2~3 分钟，以免肢体缺血坏死。

3. 用干净的小刀或玻璃片将伤口切成"十"字形，用手在伤口周围挤压，尽量把毒液从伤口里挤出。

4. 然后可用河水、井水、凉开水、肥皂水或生理盐水冲洗伤口。如有条件，用1%的高锰酸钾、2%的双氧水冲洗更好。

5. 设法用吸管或火罐吸出毒液。如无上述条件，也可用嘴直接吸吮。但吸吮者口腔要没有破损和龋齿，吸出的毒液要立即吐出并反复漱口。最好是隔着塑料薄膜吸，以免施救者中毒。

6. 经过上述紧急处理后，应迅速赶往医院医治。

被猫狗咬伤

当你不小心被猫狗咬伤时，千万不能大意，即使有的猫狗没有"狂犬病"的表现，也有可能带有狂犬病毒，那么，这时我们该怎么办呢?

1. 一旦被猫或狗咬伤后，如果伤口流血不多，不要立即进行止血处理。因为流出的血可以将伤口处残留的动物唾液冲走。

流血啦！

先别忙止血！

2. 可用清水、浓肥皂水或盐水反复清洗伤口30分钟。然后再用浓度70%的酒精或50°~70°的白酒涂擦伤口。

3. 对于流血不多的伤口，应从近心端向伤口处挤压出血，有利于动物唾液的排出。

4. 而且应在受伤后的两个小时内彻底清洗伤口，以减少狂犬病的发病机会。

5. 经上述处理后，应立即赶往医院治疗，并听从医生建议决定是否需要注射狂犬病疫苗。

6. 街上的流浪狗或猫身上会带有很多病菌，同学们不要离它们太近，也不要随意去抚摸这些猫狗。

有人跟踪

放学回家的路上，突然发现后面有可疑的人跟踪你，那么这时你该怎么办？

1. 这时千万不要慌张，应加快脚步朝自己熟悉的、人多的地方跑去，甩掉那个陌生人。

2. 或赶紧逃到附近的商场里，请求商场里面的工作人员帮忙。也可以看看附近有没有熟悉的同学、家长，向他们寻求帮助。

健康安全

3. 也可以假装回到自己家的样子随意走进一个居民小区并大喊："爸爸妈妈，我回来了"等，以此来吓跑坏人。

爸爸妈妈，我回来了！

4. 千万不要往巷子、死胡同或不熟悉的地方走。若可能也可以迅速搭乘出租车或公交车，甩掉跟踪者。

5. 尽快找到警察，寻求他们的帮助与保护。或者向附近的保安人员寻求帮助。想办法借用电话拨打"110"，或者通知爸爸妈妈及学校老师。

6. 记住，放学回家时，尽量和同学们结伴同行。

路上遭绑架

如果我们在放学或外出的路上不幸遭遇绑架。那么这时我们该怎么办呢?

1.坏人绑架小孩通常情况下都是以求财为目的，因此，同学们要掌握应对方法，沉着应对，以求平安无事。

让你爸把钱汇过来！

小子再闹我就对你不客气了！

2.面对绑匪的时候，同学们不要大哭、大闹和疯狂挣扎，以免惹怒歹徒，给自己带来杀身之祸。

3. 在没有把握的情况下，大家最好不要轻易尝试逃跑，那样很容易令自己陷入更危险的境地。

我不认识你！你是谁？

认识我吗？

4. 如果发现绑匪是以前见过的人，千万不要和绑匪套近乎，绑匪通常都不愿被人认出来，要小心绑匪杀人灭口。

5. 如果感觉害怕，大家要学会转移自己的注意力，如闭上眼休息或观察周围的环境，要坚信爸爸妈妈和警察会来救自己。

6. 平日里，大家也要多加小心，不要跟陌生人走，不要一个人去偏僻、危险的地方，以免上当受骗。

车上遭遇劫持

放学后，当你独自乘坐出租车回家时，司机并没按你所指的路线行驶，你很可能遭到劫持，这时你该怎么办？

1. 要保持镇静，不要慌张，告诉司机他可能走错了。

师傅，你可能走错了路！

我要上厕所。

2. 想办法下车。让他把车靠向路边，自己找借口买东西或上厕所。

3.车在路口等红灯时，可摇下车窗呼救或开门逃跑。

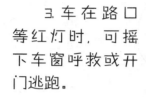

4.记住车牌号和司机的相貌、口音等特征。

XX1234

5. 乘出租车时，在路上不停地向家人报告行踪，可很好地震慑那些别有用心的黑心出租车司机。

老爸，我已到解放路口了。

师傅，我把车牌号发短信给我妈了！

6. 乘出租车时，特别是独自一人时，千万不要坐副驾座位，坐在后排更安全。

遭遇骚扰

女孩在车上、电影院或其他公共场所被骚扰时,该怎么办?

1. 如在车上遇到骚扰时，要敢于反抗，不要唯唯诺诺，这样只会增加坏蛋的嚣张气焰。

2. 迅速远离坏人，并用凶狠的眼神警告他。

3. 如果坏人还继续骚扰，可设法使劲踩他的脚或推开他，并发出警告或质问，以引起周围其他人的注意。这样坏人也就不敢再放肆了。

4. 如果坏人继续变本加厉，一定要向旁边的人或司机求助并报警。

5. 如果遇到成年人或比自己大的人想借故触摸自己身体的隐私部位，一定要远离他，并明确要求他停止其行为，而且要及时和爸爸妈妈说明情况。

6. 记住坏人的特征，并设法保留证据，及时报警。女孩乘车时尽量站在女士较多的地方，如果车上人多，可将包放在胸前。

遭遇小偷

在公共场所人多拥挤的地方，是小偷经常出没的地方，那么，当你在这种场所遇到小偷时该怎么办？

1. 如果一旦遭遇到偷盗，千万别慌，暂时不要冲动地与之争斗，以避免不必要的伤害。

2. 要远离小偷，设法引起别人的注意，并记住小偷的相貌特征。必要时可寻求司机和保安人员的帮助，抓住小偷。

3. 如果发现小偷身上带着刀或者其他凶器，切勿逞强，要见机行事，注意保护好自己，一定要在保证自己人身安全的前提下再警示别人。

4. 乘车时，要尽量往车里走，不要停留在上下车门口。多留神，躲开可疑的人。盗贼一般会在拥挤的车门口有意制造混乱，趁机盗窃。

5. 外出时，不要大意，钱物应分散放在贴身的几个衣袋里，不要放在身后或外露的口袋里。常用的零钱要放在方便的口袋内。

6. 随身携带的包要看管好。贵重的物品不要离开自己的视线，包最好放在身前。在车上不要睡觉或长时间聊天。

遭遇抢劫

电视剧中，在偏僻、幽静的地方，是劫匪常出没的地方，那么，当你在现实中这种场所遭遇到劫匪时该怎么办？

1. 当碰到劫匪时，千万不要紧张，一定要保持冷静，保持头脑清醒。

哇！

我太小，身上什么都没有！

2. 这时千万不能冲上去和劫匪搏斗，这样做很危险。因为你的年龄太小，首先应保护好自己。

3. 劫匪一般只是为了抢钱财，所以，当被劫匪拦路时，要尽量拖延时间与劫匪周旋，以便寻找合适的时机逃跑。

我只有这点零花钱了！

4. 可以将身上的一小部分钱财交给劫匪，并且一定要记下劫匪的长相、大概年龄、口音及逃离的方向等。

5. 如果劫匪人数较少，而这时又有群众路过，可大呼救命，在群众的配合之下，将劫匪制伏。

6. 一定要等到确信没有危险的情况下再打电话报警，千万不能让劫匪发现你在报警，以防被劫匪伤害。

找不同

有时在饭后会无缘无故的打嗝，可以对着空纸盒吹气。左右两幅图中有9处不同，请你在右图中把它们圈出来吧！

选择游戏

人体的鼻腔黏膜上分布着丰富的血管，不小心碰撞到容易出血。图中的小朋友在鼻出血时，哪种处理方法是对的？